ISBN 978-3-662-22851-7 ISBN 978-3-662-24785-3 (eBook)
DOI 10.1007/978-3-662-24785-3

Untersuchungen über Leuchterscheinungen auf dem Mond

Von

Josef Hopmann

(Vorgelegt in der Sitzung am 8. November 1968)

Zusammenfassung

In der Einleitung (§ 1) wird kurz auf die Diskussion zum Thema in den letzten 15 Jahren eingegangen, besonders auf die Untersuchungen von Miss B. Middlehurst und W. B. Chapman, die den Nachweis brachten, daß hierbei zwei Arten von Gezeitenkräften der Erde auf dem Mond eine große Rolle spielen. Im § 2 wird eine Klassifikation der Leuchterscheinungen vorgeschlagen, wobei vor allem zu unterscheiden ist zwischen solchen, die nur bei Mondfinsternissen beobachtbar mit der Aktivität der Sonne zusammenhängen (Lumineszenzeffekt) einerseits, und zum anderen Gasausbrüchen auf kleinen oder großen Teilen der Mondoberfläche, die über 600 an Zahl seit 400 Jahren gesehen und neuerdings auch gemessen wurden, die „transient events" nach Middlehurst.

Der § 3 ist den Gezeitenkräften gewidmet und ihrem bis jetzt erfolgten Nachweis als Auslösungen von Gasausbrüchen. § 4 schildert die Neuauswertung der umfangreichen Drei-Farben-Photometrie des Vollmondes von Wildey und Pohn. Dabei ergaben sich u. a. die visuellen Albedowerte der 25 gemessenen Stellen, ihrer beiden Farbenindices sowie die Beziehung zwischen Albedo und Farbe. In § 5 und § 6 werden die offenbar ständigen Helligkeitsschwankungen des mittleren Vollmondes besprochen und ihre sehr enge Beziehung zu den Schwankungen der Gezeitenkräfte. Sie erfolgen gleichzeitig im ganzen UBV-Bereich. Der § 7 berichtet über 13 Fälle von ausgedehntem und sehr starkem Aufleuchten, darunter 11 noch nicht bekannte. Auch hier besteht ein enger Zusammenhang zwischen dem Zeitpunkt des Aufleuchtens und dem Maximum der Gezeitenkräfte.

Im § 8 und seinen Anhängen werden insgesamt 52 Leuchterscheinungen besprochen, die noch nicht im Verzeichnis von 579 „events“ von B. Middlehurst stehen. Sie sind z. T. den späteren Jahrgängen der Zeitschrift „Sirius“ entnommen, vor allem aber dem Hauptwerk des großen „Klassikers“ der Mondforschung, J. Schmidt-Athen.

Im letzten Teil der Arbeit, § 9, haben wir eine Diskussion der Ergebnisse, an die sich vorsichtige hypothetische Überlegungen anschließen und Vorschläge für die weiteren Beobachtungen.

Summary

Luminescence Phenomena on the Moon

Chapter 1 gives references to recent papers especially those by B. Middlehurst and W. B. Chapman who showed that two kinds of tidal forces of the earth play a major rôle in these lunar phenomena. In Chapter 2 a classification is suggested distinguishing several kinds of luminescence. There are effects of brightening which were seen only during lunar eclipses depending on the activity of the sun. On the other hand more than 600 transient events—obviously gas eruptions—have been observed since 400 years.

Chapter 3 is devoted to the tidal forces as cause of gas eruptions. In Chapter 4 the three color data of Wildey and Pohn of the full moon have been rereduced. New values for the visual albedos and the colors of 25 points on the moon are given. In Chapters 5 and 6 the UBV variations in the full moon's brightness and their correlation with tidal forces are reviewed. Chapter 7 gives a report on 13 strongly luminescent phenomena connected with a maximum of tidal force.

In Chapter 8 some 51 new transient events are added to the list of Middlehurst. Finally, in Chapter 9 the results are discussed and suggestions for future work are made. Some hypothetical considerations are mentioned.

§ 1. Einleitung, Geschichtliches

Die fast 200 Jahre lang herrschende Ansicht, der Mond sei ein toter Körper, dessen früherer Vulkanismus völlig erloschen sei, wurde in den letzten 10 Jahren durch vielfältige Beobachtungen widerlegt. Es begann mit den spektroskopischen Feststellungen leuchtender Gase beim Zentralberg des Alphonsus [1] 1958 durch Kozyrev u. a. Im November 1963 photographierten Z. Koziel und Rackham auf dem Pic du Midi ein starkes rotes Leuchten um Kepler herum [2], und im gleichen Monat konnte Greenacre u. a. in Flagstaff visuell das Leuchten kleiner Stellen nahe dem Krater Aristarch sich durch andere Beobachter bestätigen lassen [3]. Anschließend berichtete mehrfach Miss B. Middlehurst [4, 5] über den Erfolg ihrer Sammlung diesbezüglicher Beobachtungen — zur Zeit 579 — in der älteren Literatur (seit 1540!) und wertete sie statistisch aus. Es ergab sich kein Zusammenhang mit der Sonnenaktivität, wohl aber ein deutlicher mit der Stellung des Mondes in der Bahn. Die Leuchterscheinungen treten viel häufiger im Perigäum und Apogäum auf als in den zwischenliegenden Teilen der Bahn. 1964 wurde eine weltweite Organisation zur ständigen Überwachung des Mondes aufgezogen, die gutteils auf die Mitarbeit von Liebhaberastronomen angewiesen ist. In einer Sondersitzung zu diesem Thema der Mondkommission der IAU in Prag (August 1967) berichtete B. Middlehurst, daß das bisher gesammelte Beobachtungsmaterial durchschnittlich monatlich 2—3 derartige „transient events" aufweist. Es ist kennzeichnend für den heutigen Wissenschaftsbetrieb, daß noch 1966 auf der Cospartagung in Wien diese Beobachtungen Zweifeln begegneten, als Täuschungen, Plattenfehler usw. angesehen wurden und nun für Februar 1969 eigens dazu ein Symposium in Kalifornien geplant ist.

§ 2. Einteilung der Leuchterscheinungen auf dem Mond

Die Dauer der „transient events" — im Durchschnitt 15^m — schwankt zwischen einigen Minuten und 1—2 Tagen (Beispiele dazu in den Anhängen). Daneben gibt es noch fast ständig Helligkeitsschwankungen beim Monde ganz anderer Art und sicher anderer Ursache. Auf Grund des 1966 vorliegenden Materials hatte der Verfasser [6, 7] eine Einteilung der Phänomene vorgeschlagen, die nachstehend, durch weitere Untersuchungen ergänzt, wiedergegeben sei.

A. Mit der Sonnenaktivität zusammenhängende Phänomene

1. *Der Danjoneffekt*, die stark wechselnde Helligkeit des Mondes bei totalen Finsternissen vom völligen Verschwinden bis zur Erkennbarkeit vieler Details auf der kupferroten Scheibe.

Schon 1922 konnte Danjon in Straßburg zeigen, daß kurz vor dem Ende eines 11jährigen Zyklus der Sonnenflecken die Helligkeit am größten, kurz nach ihm am kleinsten ist, was sich seitdem immer wieder bestätigte.

So versuchte M. Bell [8] aus den Beobachtungen der letzten Finsternisse eine Prognose für das nächste Sonnenfleckenminimum zu geben. Zur Erklärung wies F. Link [9] auf das Spörer-Gesetz hin:

Am Ende eines Zyklus treten die Flecken nahe dem Sonnenäquator auf, irgendwelche mit ihnen verbundenen Strahlungen wirken in der Ebene der Erd- bzw. Mondbahn. Die ersten Flecken des nächsten Zyklus liegen dagegen in hohen heliographischen Breiten.

2. *Linkeffekt.* Schon 1947 wies F. Link in Prag [9] darauf hin, daß die Flächenhelligkeit einer Stelle der Mondscheibe im Halbschatten von Mondfinsternissen nahe dem Rande des geometrischen Kernschattens zum Teil beträchtlich größer ist, als eine sorgfältig ausgearbeitete Theorie ergibt. Näheres siehe in [9] und die Figur in [6]. Nach Link ist die Erscheinung in rund 20 Beobachtungsreihen bestätigt worden. Er versucht sie als Lumineszenz von Oberflächenmineralen zu erklären, angeregt durch UV-Strahlung (Röntgen usw.), die von der unteren Korona ausgeht. Nach Hopmann [6] setzt sich die gemessene Helligkeit zu 90 bis 100% aus normalem reflektiertem Sonnenlicht und 0—10% Lumineszenz zusammen. Diese ist stark bei hoher Albedo (z. B. Tycho) und sehr klein (z. B. in den Mare). Auch scheint es sich um Thermolumineszenz zu handeln (Hopmann, unveröffentlicht).

3. Noch liegen nicht genügend Beobachtungen vor, um die Veränderlichkeit einzelner dunkler Flecken (z. B. im Alphonsus, bei Hyginus) zahlenmäßig zu sichern. Bei niedrigem Sonnenstande sind sie kaum wahrzunehmen, nahe Vollmond sehr dunkel und sehr auf-

fällig. Nach Messungen des Verfassers scheint die Veränderlichkeit $0{,}5^m$ und mehr zu betragen. Die dunklen Flecken im Alphonsus wurden schon vor 1830 von Gruithuizen und Lohrmann untersucht, später von H. J. Klein, Krieger u. a. Der Wechsel ist sehr schön auf den Blättern des „Consolidated Lunar Atlas" von Kuiper zu sehen.

B. Phänomene, die mit der Lage in der Mondbahn zusammenhängen

4. *Aufleuchten kleiner Stellen* (1″—10″), oft rötlich oder bläulich. Weitaus am meisten beim Aristarch und seiner Umgebung. Ihre statistische Bearbeitung durch Miss B. Middlehurst zeigt deutlich den Perigäumseffekt. Weiteres dazu siehe § 3.

5. *Gasschwaden* in kleinen und großen Kratern kurz nach Sonnenaufgang, die sich 1—2 Tage halten können. Prototypen sind die Beobachtungen von E. Barnard, die im Anhang 1 auszugsweise aus den „Astronomischen Nachrichten" übernommen wurden. Ähnliche Erscheinungen sind wiederholt beobachtet worden, wie es der große Katalog von Middlehurst nachweist.

6. *Intensives Aufleuchten (1^m und mehr)*, meist in jungen Kratern und in den verschiedensten Wellenlängen. Stark ausgeprägte Perigäumseffekte. Eine Reihe älterer und neuerer Beispiele werden im § 6 und § 7 besprochen.

7. Das gleiche gilt beim *Aufleuchten großer Flächen* von 10^4 bis 10^6 km^2 (siehe § 7).

8. Die *Veränderlichkeit der Vollmondhelligkeit* beträgt $\pm 0{,}10^m$ und mehr. Auch hier sind beide Arten der Gezeitenwirkung vorhanden (siehe § 5).

§ 3. Die Gezeitenkräfte auf dem Monde

Der statistisch gesicherte Zusammenhang zwischen den „transient events", die unter 4, 5, 6, 7 angeführt sind, und der Stellung des Mondes in der Bahn um die Erde führte schon 1966 Miss Middlehurst zu der Annahme [4], daß Gase infolge von Gezeitenkräften aus kleineren oder größeren Spalten und Poren der Mondoberfläche austreten und dann rasch in den Raum diffundieren. Es braucht während dieses Prozesses keiner hohen Strahlungsenergien von der Sonne oder aus dem Raum, um diese hochverdünnten Gase zum Leuchten zu bringen, sehr wahrscheinlich um Größenordnungen weniger als die unter 1,2 besprochenen Lumineszenzerscheinungen.

Miss Middlehurst hat darauf hingewiesen, daß die Gezeitenkraft auf dem Monde etwa 80mal stärker ist als auf der Erde. Ferner daß 2 Effekte von je ungefähr monatlicher Dauer sich überlagern, 1. der wechselnde Abstand zwischen Erde und Mond mit der 3. Potenz allgemein und 2. für die einzelne Stelle des Mondes die mit der optischen Libration wechselnde Zenitdistanz Z der Erde. Anders als bei der Erde spielt auf dem Monde der Gezeiteneinfluß der Sonne nur eine untergeordnete Rolle.

B. Chapmann [10] ist diesen Fragen für den Krater Aristarch nachgegangen, worüber zunächst kurz berichtet sei. Es sei
ΔG die Änderung der Schwerkraft in mgal,
k die Schwerkraftkonstante,
M die Masse des die Gezeiten hervorrufenden Körpers (die Erde),
r der Mondradius,
S die veränderliche Entfernung Erde—Mond,
Z die veränderliche selenozentrische Zenitdistanz der Erde am einzelnen Mondort, π die Mondparallaxe, 57′ ihr Mittelwert.

Dann ist nach Einsetzen der entsprechenden Zahlenwerte in Milligal in vertikaler bzw. horizontaler Richtung:

$$\Delta G_V = \frac{-3 \cdot K \cdot M \cdot r}{2 \cdot S^3 (\pi/57')^3} (1/3 + \cos 2z) =$$

$$= -1830 (\pi/57)^3 (1/3 + \cos 2z) \tag{1}$$

$$\Delta G_H = -1830 (\pi/57)^3 \sin 2z \tag{2}$$

und die gesamte Änderung von G

$$\Delta G_T = -1830 \cdot (3/2)^{-1/2} \cdot (\pi/57)^3 (5/3 + \cos 2z)^{1/2} \tag{3}$$

Z kann in bekannter Art aus der selenozentrischen Länge und Breite des Kraters (λ, β) und der selenozentrischen Länge und Breite der Erde (L, B) ermittelt werden (für letztere sind die Unterlagen in den „Astronomischen Ephemeriden“ gegeben). Es ist dann

$$\cos Z = \sin\beta \sin B + \cos\beta \cos B \cos(\lambda - L) \tag{4}$$

Je nach der Parallaxe können die ΔG sich bis zu $\pm 26\%$ von G ändern. Nahe der Mitte des Mondes mit $Z = 0$ ist $\Delta G_H = 0$; ΔG_V und ΔG_T bei mittlerer Parallaxe 2,57 mgal. Die optische Libration spielt nur eine untergeordnete Rolle. Umgekehrt ist am Rande $\Delta G_H = 1{,}28$ und ΔG_V verschwindet. Dagegen ist für $z = 45°$, also in 0,71-Mondradienabstand von der Mitte, der Einfluß der optischen Libration am stärksten. Die nachstehende Tabelle 1 soll dies veranschaulichen.

Tabelle 1

λ	β	ΔG_T	D	Bereich
+ 45,°0	0,°0	2,14	− 0,11	Mare Foecund. West
+ 32,5	+ 32,5	2,21	− 0,18	Proclus
+ 32,5	− 32,5	2,06	− 0,03	Piccolomini
0,0	+ 45,0	2,16	− 0,13	Alpental
0,0	− 45,0	1,89	+ 0,14	Östlich Tycho
− 32,5	+ 32,5	2,04	− 0,01	Deslisle
− 32,5	− 32,5	1,84	+ 0,19	Vitello
− 45,0	0,0	1,89	+ 0,14	Hevelius

Mit der Annahme $\pi/57' = 1{,}00$, also einer mittleren Parallaxe, wurde für 8 symmetrisch liegende Stellen in 45° Abstand von der Mitte ΔG_T mit der Annahme einer schon ziemlich starken, aber durchaus nicht extremen Libration von $L = B = +6{,}°0$ berechnet. Die Sonne steht also senkrecht etwa über Triesnecker. Die vorletzte Spalte gibt die Differenz gegen den Betrag 2,03 mgal, wenn $L = B = 0$ ist, die letzte Spalte gibt zur Orientierung markante Krater oder Mare.

Der Einfluß der Libration erreicht also ebenfalls $\pm 10\%$. Sie hat nun Perioden von 1 Monat, einem halben Jahr und mehrere längere. Die Figuren 1 und 2 der Arbeit von Chapman zeigen sehr schön die Überlagerung der Parallaxen und Librationsperioden, berechnet für Aristarch und die Zeit von 1962, 5 bis 1970, 3. Die ΔG_V erreichen starke Amplituden um 1964-65 und wieder 1969-70, sind klein besonders 1967.

In Chapman, Figur 1 sind auch die 27 Termine der „transient events" eingetragen, die in den 26 Monaten vom September 1963 bis November 1965 allein beim Aristarch beobachtet wurden. Nach seiner Auszählung fallen von diesen zwei Drittel innerhalb von 2 Tagen in die Zeiten des

Maximums der örtlichen Gezeitenkräfte. Fast die Hälfte geschah bei Terminen mit besonders starken Gezeiten. Chapman ist also berechtigt, für spätere Termine starker Gezeiten, besonders im Januar und Februar 1970, das Auftreten von Aristarchausbrüchen als sehr wahrscheinlich anzugeben.

§ 4. Die Mondphotometrie von Wildey und Pohn

1964 veröffentlichten mit allen erwünschten Einzelheiten Wildey und Pohn [11] (nachstehend mit W + P abgekürzt) eine umfangreiche lichtelektrische Photometrie des Mondes. Sie wurde mit dem passend abgeblendeten 1,5-m-Spiegel des Mount Wilson Observatory durchgeführt, und zwar lichtelektrisch im üblichen UBV-System. Die Messungen bezogen sich stets in Form geschlossener Sätze auf die gleichen 25 Stellen, verteilt über die Scheibe, von der hellsten bis zur geringsten Albedo. Sie geschahen in ständiger Kontrolle des Instrumentes, der Extinktion usw. In der Zeit von 1962 April 20 bis 1963 Januar 9 konnten an 14 Abenden bei Vollmond innerhalb $\pm 1^d$ insgesamt 26 Sätze mit über 650 Messungen in 3 Farben durchgeführt werden.

Ihr Ziel war vor allem, den starken Anstieg und Abstieg der Mondhelligkeit in der Nähe des Vollmondes zu studieren. Die innere Genauigkeit der Messungen ist nach W + P $\pm 0\overset{m}{.}016$ m. F. Bei der Diskussion der Messungen fielen einige aus dem Rahmen der übrigen heraus. Sie hatten zum Teil zu geringe Helligkeiten ($+ 0\overset{m}{.}5$ Abweichung von Mittel), was aber mit dem Einfluß der Schatten in tiefen Kratern erklärt werden kann (siehe 6). Vor allem gibt es aber eine Reihe Fälle, bei denen die Helligkeiten um 1^m und mehr, zudem in allen 3 Farben, zu hell beobachtet wurden. Auf Meßfehler — Luftunruhe usw. — können Erhellungen von 200 bis 400% nicht zurückgeführt werden. Auch sie gehören zu den „transient events" wie im § 6 und § 7 ausführlich zu besprechen ist. Diese hellen und dunklen „Ausreißer" wurden bei der Diskussion von W + P fortgelassen. Im folgenden werden zunächst die visuellen Helligkeiten vom Verfasser dieser Arbeit neu diskutiert.

Dafür wurden für jedes der einzelnen Objekte aus der Veröffentlichung von W + P die Beobachtungszeiten, die gemessenen Helligkeiten, die Größen g (Phasenwinkel) und α herausgeschrieben und mit den in der Arbeit abgeleiteten Koeffizienten $+ 0^m\!.026\ (g - 5^\circ\!.0)$ bzw. $- 0{,}00230$ auf die Normalhelligkeiten V_0 bei 5° Phasenwinkel umgerechnet. (W + P nennen α die „brightness longitude". Sie wird aus der Länge und Breite des Objekts, der optischen Libration und dem Phasenwinkel ermittelt.)

Der nächste Schritt war die Mittelwertbildung der V_0, d. h. $\overline{V}_0$ und die Differenzen $(V_0 - \overline{V}_0)$ der abendlichen V_0 gegen diese Mittel. Eine sich anschließende große Tabelle gab diese 650 Werte. In ihr fielen sofort auf einerseits die schon oben erwähnten „Ausreißer", d. h. Beobachtungen, die von den übrigen um mehr als $0^m\!.8$ abwichen und die auf Schattenwurf oder Leuchterscheinungen zurückzuführen waren. Andererseits haben die einzelnen Serien — trotz aller Vorsichtsmaßnahmen und Kontrollen — noch deutlich systematische Abweichungen oder Nullpunktsfehler t, die sich durch Mittelung der $(V_0 - \overline{V}_0)$ über die einzelnen Serien ergaben. In einer zweiten Näherung wurde die t an die V angebracht und der Prozeß noch einmal wiederholt. Das Verhalten der t wird nachstehend (§ 5) noch ausführlich diskutiert. Sie sind später in Tabelle 3 angeführt. Zuletzt wurden die V_0 der zweiten Näherung gemittelt und die Abweichungen der einzelnen Objekte dann in der Spalte 8 der Tabelle 2 zusammengestellt. Die übrigen Spalten der Tabelle geben die Nummern der Objekte nach W + P, ihren Namen und ihre Koordinaten, ihren Typus (C = Copernikus-artig, E = Eratosthenes-artig, P = Plato-artig). Damit sind in sich homogene Albedowerte A gewonnen, die von $- 0^m\!.50$ (Aristarch) bis $+ 0^m\!.72$ (Ocean. proc.) gehen und die wohl auch für andere photometrische Mondarbeiten von Wert sein können.

Noch einiges über die äußere Genauigkeit der A. Bei der ersten Näherung ergab sich der m. F. einer Beobachtung zu $\pm\, 0^m\!.138$, bei der zweiten, d. h. nach Anbringung der Serienkonstanten t, $\pm\, 0^m\!.106$ ganz der Streuung der t von $\pm\, 0^m\!.092$ entsprechend. Da die A auf durchschnittlich 24,6 Beobachtungen beruhen, wird der äußere mittlere Fehler eines Albedowertes $A \pm 0^m\!.028$.

Für die spätere Untersuchung ist das Verhalten der beiden Farbenindices $F_B = m_B - m_V$ und $F_U = m_U - m_B$ wichtig. Mit F_{BU} ist die Summe beider $F.\,I.$ bezeichnet. Zunächst wurde eine Verteilungstafel der 627 Einzelwerte von F_B und F_U hergestellt. Dabei war es bemerkens-

Tabelle 2

Nr.	Name	ξ	η	λ	β	Typ	A	$B-V$	$U-B$	n
1	2	3	4	5	6	7	8	9	10	11
1	Byrgius	− 816	− 416	− 63°,9	− 24°,6	C	− 0ᵐ,49	+ 0ᵐ,85	+ 0ᵐ,48	23
2	Oceanus Procell.	− 700	− 200	− 45,6	− 11,5	P	+ 72	+ 82	+ 41	24
3	Aristarchus	− 674	+ 402	− 47,2	+ 23,7	C	− 50	+ 82	+ 49	24
4	Kepler	− 609	+ 141	− 38,0	+ 8,1	C	− 04	+ 87	+ 49	25
7	Bullialdus	− 354	− 350	− 22,2	− 20,5	CE	+ 02	+ 87	+ 48	25
10	Copernicus	− 337	+ 167	− 20,0	+ 8,6	C	− 20	+ 87	+ 48	26
11	Eratosthenes	− 190	+ 250	− 11,3	+ 14,5	E	+ 25	+ 84	+ 43	26
12	Biot	− 137	− 380	− 8,5	− 22,4	C	+ 01	+ 89	+ 49	26
13	Tycho	− 142	− 684	− 14,2	− 43,2	C	− 45	+ 85	+ 47	26
14	Thebit	− 065	− 375	− 3,7	− 22,0	C	− 24	+ 87	+ 49	26
15	Mare Vaporum	+ 070	+ 240	+ 4,1	+ 13,9	P	+ 56	+ 84	+ 43	26
16	Aristillus	+ 018	+ 557	+ 1,0	+ 33,9	C	+ 14	+ 85	+ 46	26
17	Anaxagoras	− 211	+ 953	− 44,2	+ 72,4	C	− 39	+ 88	+ 49	25
18	Aristoteles	+ 191	+ 768	+ 17,4	+ 50,1	CE	+ 40	+ 88	+ 46	25
19	Menelaus	+ 264	+ 280	+ 16,0	+ 16,3	C	− 17	+ 84	+ 48	25
20	Godin	+ 176	+ 033	+ 10,1	+ 1,9	C	− 20	+ 86	+ 45	25
21	Dionysius	+ 297	+ 048	+ 17,3	+ 2,8	C	− 25	+ 88	+ 49	25
22	Theophilus	+ 435	− 199	+ 26,4	− 11,5	CE	− 01	+ 87	+ 45	25
23	Mädler	+ 487	− 191	+ 29,3	− 11,0	CE	− 08	+ 86	+ 46	25
24	Le Monnier	+ 455	+ 448	+ 30,6	+ 26,6	P	+ 61	+ 85	+ 42	25
26	Prochus	+ 702	+ 227	+ 46,8	+ 16,1	C	− 38	+ 90	+ 52	23
27	Mare Crisium	+ 820	+ 240	+ 57,5	+ 13,9	P	+ 68	+ 85	+ 41	20
28	Taruntius	+ 722	+ 092	+ 46,2	+ 5,3	CE	+ 33	+ 87	+ 46	22
29	Stevinus	+ 683	− 540	+ 54,2	− 32,7	C	− 55	+ 88	+ 48	21
30	Plato	− 100	+ 782	− 9,4	+ 51,5	P	+ 52	+ 88	+ 43	25

werterweise nicht nötig, irgendwelche „Ausreißer" wie bei den V_0 fortzulassen. Gerade bei den „Ausreißern" verhielten sich die *F. I.* durchaus normal. D. h., die von W + P gemessenen starken Aufhellungen erstreckten sich gleichförmig über das ganze Spektrum von V bis U. In anderen Fällen wurde auch vorwiegend rotes oder grünes oder violettes Leuchten beobachtet (siehe § 7).

Die Verteilungstafel führte zu den durchschnittlichen Werten $F_B = + 0\overset{\mathrm{m}}{,}87$ und $F_U = + 0\overset{\mathrm{m}}{,}47$, die aber nur die relativ kleinen Streuungen $\pm\, 0\overset{\mathrm{m}}{,}057$ und $\pm\, 0\overset{\mathrm{m}}{,}078$ haben. Bei ihnen wirken sich zunächst die eigentlichen Meßunsicherheiten aus, nach W + P $\pm\, 0\overset{\mathrm{m}}{,}031$ und $\pm\, 0\overset{\mathrm{m}}{,}023$, so daß die eigentlichen physikalischen Streuungen noch $\pm\, 0\overset{\mathrm{m}}{,}048$ bzw. $\pm\, 0\overset{\mathrm{m}}{,}075$ betragen haben. Der lineare Korrelationskoeffizient zwischen F_B und F_U ergab sich zu $r\,(F_B, F_U) = + 0{,}332 \pm$ $\pm\, 0{,}036$ m. F. Das heißt, je größer F_B oder je roter eines der 25 Objekte ist, um so größer ist auch F_U. Daß die Koppelung nicht sehr eng ist, liegt an den Meßunsicherheiten im Verhältnis zu den nur kleinen Variationen der *F. I.*

In Tab. 2 sind neben den Albedowerten in Spalte 9 und 10 auch die Mittelwerte, also F_B und F_U, für die 25 Objekte angeführt. Aus ihnen folgt ebenfalls eine ziemlich straffe Koppelung zwischen dem *F. I.*, nämlich $r\,(F_B, F_U) = + 0{,}515 \pm 0{,}147$. Hier ist das Wirken der einzelnen Meßunsicherheiten weitgehend ausgeschaltet. Die Verschiedenheit der m. F. liegt an der Verschiedenheit der Anzahl der Variablen, 627 bzw. 25.

Interessanter sind die Korrelationen zwischen den Albedowerten A und den *F. I.* Man erhält $r\,(AF_B) = -0{,}244 \pm 0{,}188$ und $r\,(AF_U) =$ $= -0{,}817 \pm 0{,}067$ sowie $r\,(AF_{BV}) = -0{,}667 \pm 0{,}111$. Das bestätigt die seit der Arbeit von Miethe [14] von 1910 bekannte Tatsache: die dunklen Stellen (Mare usw.) sind erheblich violetter als die hellen Krater und Kontinente. Dies wirkt sich vor allem im UV aus.

§ 5. Helligkeitsschwankungen des gesamten Vollmondes

In den ersten Spalten der Tab. 3 ist die Nummer der Serie von W + P gegeben, dann das Datum, die Serienkonstanten t, wie sie im letzten Abschnitt beschrieben wurden. Es folgen die den Ephemeriden entnommenen Werte für die Mondparallaxe und die optische Libration in Länge und Breite. Letztere geben die Gesamtlibration $\mathfrak{L}$, die positiv gerechnet wurde, wenn die Erde senkrecht über einer Stelle des Mondes mit positiven ξ oder λ stand. Die drittletzte Spalte (G) gibt absolut genommen $|(\pi/57')^3 - 1|$, die vorletzte $g = G - \overline{G}$, die Abweichungen der einzelnen G von ihrem Durchschnitt $\overline{G}$. Es mußte mit dem Absolutwert gerechnet werden, da nach den Untersuchungen von Middlehurst und Chapman [3, 4] der Gezeiteneffekt sowohl im Perigäum wie im Apogäum eintritt. Die letzte Spalte gibt die Differenzen der einzelnen $\mathfrak{L}$ von ihrem Mittel. Wie die Spalte t der Tab. 3 zeigt, stimmen an den 11 Abenden mit je zwei unabhängigen Serien diese gut überein. Ihre mittlere Differenz ist $\pm$ 0ᵐ,048, der mittlere Fehler eines t $\pm$ 0ᵐ,034. Da die Streuung der t das 2,7fache davon beträgt, sind die einzelnen t als verbürgt anzusehen.

Diese Serienkonstanten t gehen laut Tab. 3 von — 0ᵐ,17 (Vollmond gegenüber dem Durchschnitt zu hell) bis + 0ᵐ,20 (Vollmond zu schwach), worauf der Verfasser schon 1965 [6] und 1967 [7] hingewiesen hat. Vor ihm haben auf derartige unregelmäßige Schwankungen bis zu 20% und mehr schon van Diggelen und Gehrels [13, 14] aufmerksam gemacht. Es lag der Gedanke nahe, zu untersuchen, ob sich nicht auch hier ein Gezeiteneffekt bemerkbar macht.

Ein roher Vergleich der Spalten t, g, l zeigt schon, daß die 3 Variablen untereinander korreliert sind. In üblicher Weise wurden die 3 linearen Korrelationskoeffizienten r berechnet, was zu den Werten $r(t, g) = + 0{,}558 \pm 0{,}135$, $r(t, l) = - 0{,}101 \pm 0{,}194$, $r(g, l) = + 0{,}566 \pm 0{,}133$ führte.

Durch die Verschiedenheit vom synodischen und anomalistischen Monat bzw. des siderischen ändert sich während der 9 Monate der Beobachtungsreihen systematisch die Mondparallaxe bzw. g an den Vollmondtagen, aber auch die optische Libration l. Daher kommt es zu der ziemlich starken Koppelung von l und g. Infolgedessen stellen $r(t, g)$ und $r(t, l)$ noch nicht die wahren Korrelationen dar. $r(g, l)$ muß erst nach dem Verfahren der Mehrfach-Korrelationen eliminiert werden. (Ähnlich wie in einem Beispiel eines Lehrbuches [15]: zwischen durchschnittlicher Sommertemperatur eines Landes, der Niederschlagsmenge und dem Ernteertrag für eine Anzahl Jahre bestehen statistische Koppelungen.

Ihr richtiger Wert wird erhalten, wenn z. B. für Ernte und Niederschlag der Einfluß der beiden anderen Korrelationen berücksichtigt wird.)

Man erhält zunächst $r\,(t\,g,\,l) = +\,0{,}786 \pm 0{,}075$, d. h., die Schwankungen der Vollmondhelligkeit an den einzelnen Abenden ist eindeutig engstens korreliert mit der Entfernung Erde—Mond. Der von Miss Middlehurst gefundene Effekt tritt also nicht nur bei den zahlreichen „transient events" auf, sondern auch im Durchschnitt für die gesamte Mondscheibe.

Die Schwankungen der Vollmondhelligkeit sind aber auch fast ebenso stark gekoppelt mit der Libration, wie es $r\,(t\,l,\,g) = 0{,}606 \pm$ $\pm\,0{,}124$ zeigt. Das Vorzeichen besagt, daß bei positiver Libration, wenn

Tabelle 3

Nr.	Datum	t	π	L	B	$\mathfrak{L}$	G	g	l
1	1962 April 20	$+\,0{,}^{m}14$	$54{,}'7$	$-\,4{,}^{\circ}1$	$-\,6{,}^{\circ}4$	$-\,7{,}^{\circ}3$	+ 0,10	− 0,04	$-\,5{,}^{\circ}9$
2	1962 April 21	− 1	55,3	− 4,8	− 6,5	− 7,7	+ 8	− 6	− 6,3
3	1962 April 21	− 4	55,3	− 4,8	− 6,5	− 7,7	+ 8	− 6	− 6,3
4	1962 April 22	+ 14	55,8	− 5,3	− 6,3	− 7,7	+ 6	− 8	− 6,3
5	1962 April 22	+ 2	55,8	− 5,3	− 6,3	− 7,7	+ 6	− 8	− 6,3
6	1962 Mai 20	− 6	56,5	− 4,9	− 5,8	− 7,1	+ 3	− 11	− 5,7
7	1962 Juni 18	+ 6	57,8	− 4,7	− 4,1	− 5,4	+ 4	− 10	− 4,0
8	1962 Juli 17	+ 4	59,2	− 3,1	− 1,7	− 2,7	+ 12	− 2	− 1,3
9	1962 Juli 17	+ 4	59,2	− 3,1	− 1,7	− 2,6	+ 12	− 2	− 1,2
10	1962 Juli 18	− 8	59,7	− 3,2	0,0	− 1,7	+ 15	+ 1	− 0,3
11	1962 Juli 18	− 6	59,7	− 3,2	0,0	− 1,7	+ 15	+ 1	− 0,3
12	1962 Juli 19	− 7	60,0	− 1,9	+ 1,6	− 1,1	+ 17	+ 3	+ 0,3
13	1962 Juli 19	− 5	60,0	− 1,9	+ 1,6	− 1,1	+ 17	+ 3	+ 0,3
14	1962 August 15	− 17	60,4	− 3,5	+ 1,8	− 2,3	+ 19	+ 5	− 0,9
15	1962 August 15	− 14	60,4	− 3,5	+ 1,8	− 2,3	+ 19	+ 5	− 0,9
16	1962 Sept. 13	− 4	61,1	− 2,5	+ 3,6	− 3,2	+ 23	+ 9	− 1,8
17	1962 Sept. 13	− 11	61,1	− 2,5	+ 3,6	− 3,2	+ 23	+ 9	− 1,8
18	1962 Sept. 14	− 2	61,4	− 0,5	+ 4,8	− 4,4	+ 25	+ 11	− 3,0
19	1962 Sept. 14	− 5	61,4	− 0,5	+ 4,8	− 4,4	+ 25	+ 11	− 3,0
20	1962 Sept. 15	− 4	61,3	+ 1,6	+ 5,7	+ 6,1	+ 25	+ 11	+ 7,5
21	1962 Sept. 15	− 4	61,3	+ 1,6	+ 5,7	+ 6,1	+ 25	+ 11	+ 7,5
22	1962 Dez. 9	+ 8	60,0	+ 2,0	+ 6,1	+ 6,7	+ 17	+ 3	+ 8,1
23	1962 Dez. 10	+ 8	59,7	+ 3,4	+ 5,4	+ 6,3	+ 15	+ 11	+ 7,7
24	1962 Dez. 10	+ 5	59,7	+ 3,4	+ 5,4	+ 6,3	+ 15	+ 11	+ 7,7
25	1963 Januar 9	+ 16	57,9	+ 4,3	+ 3,4	+ 6,6	+ 5	− 9	+ 8,0
26	1963 Januar 9	+ 20	57,9	+ 4,3	+ 3,4	+ 6,6	+ 5	− 9	+ 8,0

die dunklen Flächen des Ocean. proc. und Mare Imbrium näher der Mitte der Scheibe sichtbar sind, der Vollmond schwächer ist, was völlig verständlich ist. Die Streuung der t geht von $\pm$ 0ᵐ,092 auf $\pm$ 0ᵐ,077 zurück.

Es wurden ferner die Mittelwerte der Farbenindices für die 26 Serien abgeleitet. Dabei ergab sich wieder wie oben in § 4 die enge Koppelung beider zu $r\,(F_B\,F_U) = +\,0{,}633 \pm 0{,}118$. Dagegen liegen keinerlei statistische Bindungen zwischen den Serienkonstanten t einerseits und den Farbenindices andererseits vor. D. h., die täglichen Schwankungen der Vollmondhelligkeit erstrecken sich auch in dieser Analyse über den ganzen Farbenbereich der UBV-Messungen.

§ 6. Helligkeitsschwankungen einzelner Objekte

In etwas ermüdender Rechenarbeit wurden ferner die 25 Einzelobjekte der Arbeit von W + P einer Prüfung unterzogen, ob ihre Helligkeiten verschiedenartig auf den Wechsel der Gezeitenkräfte reagieren. Bei einer derartigen Aufsplitterung des Materials müssen die Ergebnisse natürlich ungenau ausfallen. Es wurde also 25mal eine Ausgleichung der Einzelhelligkeiten in Abhängigkeit von den g und l in Tab. 3, d. h. den Parallaxen- und Librationseffekten, durchgeführt. Der Kürze halber seien hier nur die wichtigsten Ergebnisse einer eingehenden Diskussion vorgelegt.

1. Der m. F. einer Beobachtung nach der Ausgleichung ist im Durchschnitt aus allen 25 Werten $\pm$ 0ᵐ,088. Doch fiel sofort auf, daß er bei den 8 Objekten, bei denen „Ausreißer“ vorkommen (Tab. 2), der Durchschnitt $\pm$ 0ᵐ,126 beträgt, für die übrigen 17 nur $\pm$ 0ᵐ,071. Das heißt aber: Da die Ausreißer selbst natürlich nicht in die Ausgleichung einbezogen wurden, sind bei diesen 8 Objekten die Helligkeiten viel stärker variabel als bei den „ruhigen“ 17 übrigen. Die 8 Stellen neigen an sich schon stärker zu Gasausbrüchen. Ihre Albedowerte schließen die Extreme ein. Die mittlere Zenitdistanz der Erde ist für sie 50°, also in der Zone, in der der Librationseffekt am stärksten ist. Dagegen haben die ruhigsten 8 Objekte (die Nr. 11, 12, 14, 15, 16, 18, 20 und 24) nur 31° durchschnittliche Zenitdistanz, bei einem m. F. von $\pm$ 0ᵐ,042, fast der Genauig-

keit der Helligkeitsmessungen entsprechend. Zusammengefaßt: die Helligkeitsschwankungen hängen nicht mit der Albedo zusammen, wohl — erneut nachgewiesen — mit dem Librationseffekt. Auch hier variieren die Albedowerte von — $0^m_{,}24$ bis + $0^m_{,}56$.

§ 7. Das Aufleuchten großer Flächen

In ihrer mehrfach angeführten Arbeit behandelt Middlehurst [5] auch 14 Fälle von „transient events", die sich zum Teil über größere Flächen erstrecken, und die irgendwie auch durch Messungen belegt sind. 11 von ihnen erfolgten innerhalb von 2 Tagen um das Perigäum, einer im Apogäum, 2 an dazwischenliegenden Tagen. Der Gezeiteneffekt ist wieder sehr deutlich vorhanden. In den dazugehörigen Beschreibungen dominiert — zum Teil bedingt durch die jeweilige Apparatur — ein Leuchten im Rot. Aber auch im UV wurde es beobachtet, besonders bei den H- und K-Linien von Ca II. Einmal wird auch ein Leuchten im Roten (H?), Gelben (Na) und mehrere Fe-Linien im Grünen festgestellt. Die „transient events" können also in einem weiten Spektral- bzw. Farbenbereich auftreten. Zu diesem Aufleuchten größerer Flächen gehören auch die spektral-photometrischen Ergebnisse von V. N. Petrova [16] von 1964. Die nachstehende Tab. 4 gibt eine Übersicht.

Tabelle 4

Datum	d	Objekt	I%	max
August 30	— 3	Mare Tanquillitatis	5	5350 Å
September 20	— 7	Mare Tanquillitatis	5	5305 Å
September 23	— 4	Sinus Iridum	6	5340 Å
September 23	— 4	Mare Tanquillitatis	9	5305 Å

(d ist die Zahl der Tage vor dem nächsten Perigäum, I die Intensität der Emission in %.)

Auch im Mare Serenitatis trat Sept. 23 eine grüne Emission auf, an anderen Stellen gab es mehrfach Schwankungen im Intensitätsverhältnis λ 6800 zu λ 3500 bis zu 24%. Die Breite der grünen Emission beträgt etwa 400 Å, ähnlich auch die im Roten.

Die Erscheinungen sind nicht an einen einzelnen Krater gebunden, z. B. Alphonsus, sondern können gleichzeitig an verschiedenen Stellen auftreten, etwa bei Aristarch, Plato und der Mondmitte, oder über die ganze Scheibe.

Es ist nun möglich, die Liste von B. Middlehurst um 11 weitere Erscheinungen zu erweitern. Von ihnen sind neun visuelle Beobachtungen, 6 ergaben sich aus der oben (S. 7) besprochenen Arbeit von W + P, in der hier vorgenommenen Neuauswertung. Die nachstehende Tab. 5 gibt diese Beobachtungen in zeitlicher Folge zusammen mit 2 Terminen aus dem Verzeichnis [5].

Ihre einzelnen Spalten enthalten:

1. laufende Nummer,
2. Datum,
3. Autor bzw. Beobachter.

Hier bedeuten W + P die mehrfach angeführte Arbeit [13], K + R = Kopal und Rackham [2], S + T = Sky and Telescope [19], H = Hopmann in [6], C = J. Classen in Pulsnitz (DDR), briefliche Mitteilungen. Die Spalten 4, 5 und 6 bedürfen keiner Erklärung. Mit Formel (3) wurde nun die normale Gezeitenkraft G_0 in mgal (7. Spalte) berechnet. D. h. $\pi = 57'$, $L = B = 0$ gesetzt. G_0 hängt also nur von λ und β ab.

In gleicher Art wurde die Gezeitenbeschleunigung für die jeweils 7 Tage vor und nach den Beobachtungsterminen ermittelt, insbesondere für diese selbst, G_B (10. Spalte). Die 8. Spalte gibt den Tag des Maximums von G, die 9. die Differenz gegen den Beobachtungstermin.

Ausnahmslos nahm in allen 13 Fällen G in der Woche vor dem „event" zu, selbst wenn dieses gelegentlich (Nr. 6 und 8) etwas nach einem flachen Maximum stattfand. Bei Nr. 5 ist G_B besonders groß. Neben dem merklichen Einfluß der Libration war in diesem Tage die Mondparallaxe die größte von allen Fällen.

Die 10. Spalte gibt die Beobachtungen und die Helligkeiten (geschätzte Werte eingeklammert), die 11. die Summen der Zunahmen von G vom 7. Tage vor der Leuchterscheinung an. Die Buchstaben der 13. Spalte kennzeichnen die Reihenfolge, in der die 13 „events" nachstehend besprochen werden. Dabei wurden zuerst einfach liegende Fälle dargestellt.

Tabelle 5

Nr.	Datum, A_B	Autor	Objekt	λ	β	G_0	A_M	$A_B - A_M$	G_B	Δ m	Σ G	Bem.
1	2	3	4	5	6	7	8	9	10	11	12	13
1	1953 Jan. 30	H	SO-Rand	+ 52°	− 20°	1,82	II 1	− 2^d	1,57	(− 1^m,0)	1,55	n
2	1962 Mai 20	W + P	Aristarch	− 47	+ 23	1,89	V 26	− 6	1,85	− 0 ,88	1,05	g
3	1962 Mai 20	W + P	Kepler	− 38	+ 8	2,16	V 26	− 6	2,13	− 1 ,03	1,19	h
4	1962 Mai 20	W + P	Bulliadus	− 22	− 20	2,33	V 26	− 6	2,33	− 1 ,05	1,62	i
5	1962 Juli 18/19	W + P	Mare Cris.	+ 64	+ 14	1,61	VII 22	− 4; − 3	1,74	− 0 ,84	1,61	e
6	1962 Sept. 15	W + P	Taruntius	+ 46	+ 5	2,00	IX 17	− 2	3,24	− 0 ,85	3,55	d
7	1962 Dez. 9	W + P	Oce. Proc.	− 67	− 4	1,60	XII 6	+ 3	1,79	− 0 ,79	1,25	c
8	1963 Nov. 1	K + R	Kepler	− 38	+ 8	2,16	XI 1	0	2,74	− 0 ,62	2,67	f
9	1963 Dez. 30	S + T	NO-Rand	+ 42	+ 35	1,87	XII 29	+ 1	2,33	—	1,81	b
10	1965 April 8	H	Censorinus	+ 33	+ 1	2,15	IV 10	− 2	2,45	(− 1 ,0)	2,15	a
11	1967 April 15	C	Aristarch	− 47	+ 23	1,89	IV 24	− 9	1,80	—	0,99	k
12	1967 April 22	C	Aristarch	− 47	+ 23	1,89	IV 24	− 2	2,27	(− 1 ,0)	1,53	l
13	1967 Okt. 19	C	Kepler	− 38	+ 8	2,16	X 19	0	2,16	(− 1 ,0)	1,29	m

a) Gegend von Isidorus. Eine Beschreibung der Erscheinung wurde in [6] gegeben. Die grünliche Farbe erinnert an die in [5] angeführten lichtelektrischen Messungen von 1963 Okt. 5 und die spektralphotometrischen von 1964, besprochen in Tab. 4. Die Beobachtungsumstände gestatteten dem Verfasser leider keine Photometrie. Das Leuchten erstreckte sich auf eine Fläche von etwa 10 Quadratgrad oder 10^4 km^2. Es erfolgte nicht am Isidorus selbst, sondern in dem unruhigen Gelände NE von ihm, also wohl Gasausbrüche aus kleinen Spalten im Sinne der Ausführungen von Middlehurst [5]. Die Gegend lag nahe der Lichtgrenze. Wäre der Ausbruch einen Tag eher erfolgt, so hätte man auf dem dunklen Teil des Mondes wahrscheinlich nichts gesehen. Isidorus gehört zu den hellsten Stellen des Vollmondes. Aber auch seine Umgebung ist sehr hell.

Einige Tage später oder bei Vollmond wäre das Aufleuchten vielleicht überblendet worden und so unbemerkt geblieben.

b) Nordostrand des Mondes. Rötliche Erhellung im Zentrum des Kernschattens bei einer Finsternis. Sicher über 10^6 km^m. Siehe auch unten bei n).

c) Stelle im Ocean. Proc. = Nr. 2 der Photometrie von W + P. Sie ist laut Tab. 2 die dunkelste der hier vermessenen. Da die *F. I.*-Messungen beide innerhalb von $0^m\!.05$ den Mitteln aller Beobachtungen entsprechen, muß die sehr starke Erhellung — $1^m\!.79$, also eine Zunahme der Flächenhelligkeit im Verhältnis 5 : 1, im ganzen Spektralbereich erfolgt sein, wie mehrfach auch sonst.

d) Taruntius = Nr. 28 von W + P. Bei der ersten Reihe vom 25. Sept. zeigte sich auf dieser Stelle nichts Auffallendes. $2{,}7^h$ später hatte die Helligkeit in allen 3 Farben um fast 1^m zugenommen. B. Middlehurst wies in [5] mit einem Photo auf das zerrissene Innere dieses flachen Kraters hin. Es wurden bei ihm auch schon mehrfach Ausbrüche beobachtet.

e) Mare Crisium = Nr. 27 von W + P. Eine gleichfalls sehr dunkle Stelle. In diesem Mare liegen nach [4] noch eine Reihe Stellen, die Leuchterscheinungen hatten. Nach meinen mikrometrischen Messungen und den photographischen Atlanten von Kuiper hat gerade die Gegend von Nr. 27 viele kleine Höhenrücken usw. Es liegen für dieses Objekt 4 vollständige Beobachtungsreihen von W + P vom Juli 1962 vor:

Tabelle 6

Datum	U. T.	Δ *V*	*B* − *V*	*U* − *B*
18	7ʰ,9	− 0ᵐ,90	+ 0ᵐ,82	+ 0ᵐ,46
18	9,9	+ 0 ,18	+ 0 ,87	+ 0 ,45
19	7,5	− 1 ,31	+ 0 ,76	+ 0 ,34
19	9,8	− 1 ,74	+ 0 ,77	+ 0 ,38

Auf das Datum folgen die Weltzeit der Beobachtungen, die Differenz der visuellen Helligkeit gegen das Mittel der übrigen 22 Reihen und die beiden Farbenindices. Letztere betragen im Durchschnitt aller 26 Reihen + 0ᵐ,87 und + 0ᵐ,52.

Das heißt aber: Am ersten Abend war ein Ausbruch erfolgt, der nur wenig später abgeklungen war. Am nächsten Abend fand eine noch stärkere, über 2 Stunden dauernde Erhellung statt. Wiederum geschahen diese „transient events" gleichmäßig in allen 3 Farben, vom Rot bis zum UV.

f) Kepler. Diese intensive rote Leuchterscheinung, von Kopal und Rackham auf dem Pic du Midi beobachtet, hatte seinerzeit starkes Aufsehen erregt und wurde mehrfach zunächst als Plattenfehler oder dergleichen erklärt. Das „Dogma": „Der Mond ist tot" war trotz der Beobachtungen von Kozyrew und anderen noch nicht überwunden. Die vom Aufleuchten betroffene Fläche ist größer als 10^6 km^2. Allerdings konnten die Versuche, dies mit einer von Flares der Sonne ausgelösten Lumineszenz der Mineralien der Mondoberfläche zu erklären, nicht recht befriedigen. Ähnlich wie bei d) Taruntius waren auch bei Kepler zwei Ausbrüche mit mehreren Stunden Abstand erfolgt.

g) Aristarch, h) Kepler, i) Bulliadus. Bei diesen drei jungen Kratern wurden die drei starken „events" in der gleichen Meßreihe festgestellt. Wieder zeigen die *F. I.* nichts Außergewöhnliches. Bei dem unter f) besprochenen „event" erstreckte sich die Erhellung von Kepler bis Aristarch. Denkbar wäre auch hier ein großes Flächenleuchten, das sich dann auch bis Bulliadus ausgedehnt hätte, ähnlich auch dem weit ausgedehnteren unter b) und n) geschilderten rötlichen Aufleuchten bei Finsternissen.

k) und l) Aristarch. Herr J. Classen in Pulsnitz (DDR) ist seit über 30 Jahre als eifriger Liebhaberastronom, auch durch verschiedene

Veröffentlichungen, bekannt. Seine Privatsternwarte ist instrumentell besser ausgerüstet als manches kleine Universitätsinstitut in Europa. Zu den im April 1967 gesehenen Erscheinungen beim Aristarch schrieb er dem Verfasser (auszugsweise): „Als am Abend des 15. April das Fernrohr durch eine rasche Betätigung der Feinbewegung auf den unbeleuchteten Teil der Mondoberfläche fiel, fiel sofort ein kleiner heller Fleck in die Augen, der sich bei der anschließenden Ortsbestimmung als Aristarch und Umgebung erwies. Eine klare Begrenzung des Fleckes war nicht zu erkennen, er verlor sich allmählich nach außen, dabei war er rein weiß. Das Aufleuchten war zuerst um 19^h 15^m Weltzeit bemerkt und konnte bis nach 21^h sicher verfolgt werden. Kepler und Kopernikus waren nicht sichtbar, obwohl intensiv nach ihnen gesucht wurde.

Am 22. April 1967 wurde Aristarch auf der nahezu vollen Mondscheibe mit unbewaffnetem Auge gesehen (!)."

m) Kepler. Auszug aus einem Brief von Herrn Classen: „Am 18. Okt. 1967 um 5^h Weltzeit, 19 Stunden nach Vollmond, Mond genau im Apogäum, war Kepler mindestens 1^m heller als Aristarch. Am nächsten Abend war diese Erscheinung wieder verschwunden."

n) Mondrand. Am 30. Januar 1953 konnte eine totale Mondfinsternis in Wien unter günstigen Umständen mit verschiedenen Instrumenten beobachtet werden [18]. Am 68-cm-Refraktor hatte der Verfasser 54 Messungen der Farbe verschiedener Stellen mit einem visuellen Graff'schen Kolorimeter gemacht. In der nachstehenden Tab. 7 sind diese in 9 verschiedenen Gruppen zusammengefaßt, wie es die zweite Spalte zeigt. Die dritte gibt die Zahl der Messungen, die vierte und fünfte die zeitlichen Grenzen. Es folgen die Farbenindices im normalen Johnsonsystem und ihre Streuungen.

Wie man sieht, geben die Gruppen 1 und 9 vor und nach der Finsternis, mit 4 Stunden Differenz, die gleiche durchschnittliche Farbe. Aber auch im Halbschatten, Gruppen 4 und 8, tritt keine merkliche Verfärbung auf, was nach der Theorie von Link [9] auch nicht zu erwarten ist. Im Kernschatten ist in der ersten halben Stunde auch keine Verfärbung zu merken (Gruppe 2), dann eine geringe (Gruppe 3) bis 23^h 32^m. Nach einer halbstündigen Beobachtungspause haben wir (Gruppe 5 und 6) eine beachtliche Rotverfärbung. Zugleich tritt aber, für 40^m, im SO-

Quadranten, vom Südpol bis zum Äquator, ein ausgesprochen starkes rotes Leuchten auf, ähnlich dem von Kopal und Rackham beobachteten und dem bei der Finsternis 1963 Dez. 30.

Tabelle 7

Nr.	Gruppe	*n*	von	bis	*F.I.*	*str.*
1	Vor der Finsternis	4	$21^h\ 23^m$	$21^h\ 32^m$	+ $0^m,93$	± $0^m,06$
2	Kernschatten I	5	22 0	22 25	+ 0,98	± 0,07
3	Kernschatten II	4	22 31	23 9	+ 1,37	± 0,18
4	Halbschatten I	6	22 34	23 6	+ 0,58	± 0,05
5	Kernschatten III	4	23 25	23 32	+ 1,88	± 0,47
6	Kernschatten IV	7	0 6	0 37	+ 1,44	± 0,23
7	Ausbruch	5	0 9	0 48	+ 3,22	± 0,22
8	Halbschatten II	10	0 31	1 50	+ 1,10	± 0,10
9	Nach der Finsternis	4	1 33	1 43	+ 1,06	± 0,06

§ 8. Ergänzungen zum Katalog von Miss B. Middlehurst

Das so wichtige Verzeichnis von 579 „events", die Miss Middlehurst und Mitarbeiter gesammelt hatten [4], erhielt ich erst nach Abschluß wesentlicher Teile dieser Arbeit. Es seien zu diesem Verzeichnis von Miss Middlehurst noch einige Ergänzungen gegeben.

1. Nach Ausweis des dort gegebenen Literaturverzeichnisses (S. 54) lagen Miss Middlehurst anscheinend die Bände der 1926 eingegangenen populären astronomischen Zeitschrift „Sirius" nach 1897 nicht vor. Es befinden sich in ihnen eine weitere Anzahl von Mitteilungen über derartige „events". Ich habe sie, möglichst in der Art des Katalogs von Miss Middlehurst, im Anhang 5 zusammengestellt. Zusammen mit den in weiteren Tabellen angeführten Erscheinungen steigt damit die Gesamtzahl der „events" auf über 630.

2. Beim Durchsehen des Katalogs fallen einige Dinge auf, die zur Beschreibung der Phänomene von Interesse sind. So sind z. B. Beobachtungen angeführt, bei denen am gleichen Abend Lichtausbrüche an ganz verschiedenen Stellen stattfanden, so wie es im § 7 bei Kepler, Aristarch und Bulliadus gezeigt wird. Als Beispiel sei angeführt Nr. 246 (Alphonsus, Herschel, Ptolemäus), Nr. 238 und 239 (Pico und Pico B),

Nr. 45 (Grimaldi und Riccioli), Nr. 346 (Manilius, Timocharis), Nr. 384 (siehe Text S. 31), Nr. 430 (Aristarch, Bessel), Nr. 476, 477 (Aristarch, Ross D), Nr. 551, 552 (Gassendi, Plato). Ferner treten die Erscheinungen, z. B. öfters bei Ross D, nicht an genau der gleichen Stelle auf, sondern in einem kleineren oder größeren Bereich. Ein solcher und zugleich der aktivste ist der bei Aristarch, Herodot, Schröterstal. Andere Stellen, z. B. im Posidonius, Alpetragius, Thales, sind nur in Abständen von Jahrzehnten aktiv. Es gab mehrfach „events" sehr großen Ausmaßes ähnlich den in § 7 behandelten, z. B. Nr. 98, 101, 102, 150, 154, 187, 246, 252, 255, 272, 282 und 285. Zu Anlage 5 sei noch bemerkt: 1910 und 1911 gab es im kleinen Krater Taquet wiederholt mehrtägige Gasansammlungen, die dann abklangen. Die umfangreiche Darstellung im „Sirius" konnte der Druckkosten-Ersparung halber hier nicht wiedergegeben werden. Es sei auf die Erläuterungen zu Anlage 5 verwiesen.

3. Der Katalog von Miss Middlehurst führt für die Zeit von 1963 Juli 1 bis 1967 November 1, d. h. für 52 Monate, die Nr. 439 bis 579 oder 140 „events" auf. Mit Mitte 1963 setzt die verstärkte Mondüberwachung ein. Wir haben also im Durchschnitt 3 Meldungen im Monat. Zeigt sich in ihnen schon der Gezeiteneffekt? Zur Prüfung wurde zu jedem Fall die Differenz in Tagen zwischen Beobachtungszeit und der Zeit des nächstgelegenen Peri- oder Apogäums ermittelt und zur Vermeidung unnötiger Zersplitterung das Material in 8 Klassen zu je 2 Tagen zusammengefaßt (1. und 2. Zeile von Tab. 8) und die Häufigkeit in Prozenten angegeben. Wir sehen eine breite Streuung, der Gezeiteneffekt ist immerhin angedeutet. Unter den 140 „events" sind nun viele teils sehr schwach, teils fraglich. Beschränkt man sich auf starke und gesicherte, 62 an Zahl, so gibt die 3. Zeile der Tab. 8 in aller Deutlichkeit den Gezeiteneffekt. Würde es sich um eine reine Zufallsverteilung handeln, so müßte man 12,5% erwarten (letzte Zeile).

4. In dem Katalog von Middlehurst sind 26 „events" aufgeführt, die bei Mondfinsternissen beobachtet wurden. Dazu kommt als 27. die von J. Schmidt 1865 Januar 17 beobachtete Finsternis (siehe Anlage Nr. 3). Das starke Perigäum war am Tage danach. Er hatte am 17. „nur" 6 „events" verteilt über die ganze Mondscheibe beobachtet und weitere 6 in den Tagen vorher und nachher (die 2. Spalte in der Anlage gibt die Seite in Schmidts Werk). Die 28. ist auf Seite 18 be-

sprochen. Überraschenderweise zeigen die Finsternisbeobachtungen auch den Gezeiteneffekt (4. Zeile von Tab. 8), und zwar ganz besonders deutlich. In anderer Art der Zusammenfassung lagen von den 28 Finsternissen 13 bei — 1 und 1 Tag um das Peri-Apogäum, 48%! Zur Gegenüberstellung wurden 50 (totale und stark partielle) Finsternisse von 1920 bis 1965, für die keine „events" gemeldet sind, in gleicher Weise untersucht, was zur 5. Zeile der Tab. 8 führte. Wieder haben wir eine breite Streuung und wie zu erwarten kaum eine Andeutung des Gezeiteneffekts. Man kann also schließen: findet eine Mondfinsternis in den Tagen um das Peri- oder Apogäum statt, so sind auch mit hoher Wahrscheinlichkeit Leuchterscheinungen zu erwarten.

Tabelle 8

Diff. in Tagen	−7 −6	−5 −4	−3 −2	−1 0	+1 +2	+3 +4	+5 +6	+7 +8	n	$\bar{t}$	str
Alle	7	13	17	20	16	14	9	4	140	+0,4	±3,4
Starke	5	13	21	32	16	8	5	0	62	−0,3	±2,5
Finsternisse	0	7	11	26	37	15	0	4	28	+1,2	±1,4
Finst. o. Beob.	8	16	8	22	14	16	14	2	50	+0,6	±3,8
Gleichförmige Verteilung	12	13	12	13	12	13	12	13	—	0,0	±4,7

n = Anzahl der „events".

$\bar{t}$ = Durchschnittlicher Abstand im Peri-(Apo-)gäum in Tagen.

str = Streuung der Differenzen.

5. Die Anlagen 1 und 2 zeigen die Darstellungen, die zwei der hervorragendsten und zugleich kritischsten Beobachter des 19. Jahrhunderts von typischen Aufhellungen von Nebelmassen gegeben haben.

6. Anscheinend hat Miss Middlehurst das Hauptwerk von J. Schmidt bei der Herstellung ihres Kataloges nicht mit herangezogen. Es wurden deshalb in Anlage 4 weitere 22 „events" aus den Bemerkungen zu den 24 Sektionen herausgezogen. Sie zeigen keinen Gezeiteneffekt.

Aus den Beschreibungen, aber auch sonst in dem umfangreichen Werk sieht man, wie sorgfältig Schmidt alles Auffällige notiert hat, z. B. auch viele Änderungen bei dunklen Flecken, Farbennuancen usw. Daß die „rötlichen" und „bläulichen" events nicht auf das sekundäre

Spektrum des Objektivs oder das Luftspektrum zurückzuführen sind, ist bei einem derart geübten und kritischen Beobachter eine Selbstverständlichkeit.

Diese Beobachtungen sind als ebenso sicher zu werten, als wenn sie auf photographischen oder photometrischen Messungen beruhen würden. Übrigens hat auch Rackham [19] starke Farbänderungen festgestellt und Frau Petrova [18] spektrographisch ein mehrfaches Aufleuchten im Roten und Grünen (siehe S. 421).

§ 9. Diskussion

Die explosionsartige Entwicklung des Problems der Leuchterscheinungen auf dem Mond in den letzten 10 Jahren läßt sich vergleichen mit der auf anderen Gebieten der Astrophysik, bei den Nebelflecken, Spektralklassen oder den veränderlichen Sterne. Bei diesen z. B. kannte man im 18. Jahrhundert einige wenige, gewissermaßen als Kuriositäten, die zahlreichen Entdeckungen aus dem 19. Jahrhundert führten zum Beginn einer Klassifikation. Um 1925 hatte man 6 Typen, heute einschließlich der Unterklassen 20—30 Arten. Zugleich sehen wir das Kommen und Gehen der Hypothesen. Bei den Leuchterscheinungen auf dem Mond, deren Realität lange bezweifelt wurde, haben wir heute in dem Katalog von Middlehurst [4] und den in dieser Arbeit gegebenen Ergänzungen über 630 Beobachtungen, die gewiß teilweise fraglich sein mögen, in der überwiegenden Mehrheit aber als verbürgt anzusehen sind. Nun tauchen die Klassifikationen auf, die mit Zunahme des Beobachtungsmaterials sich gewiß verfeinern werden. Die hier in § 2 vorgeschlagenen 7 Arten mögen für einige Zeit genügen. Von diesen seien die 3 ersten nicht weiter besprochen. Sie hängen wohl irgendwie mit der Aktivität der Sonne im weitesten Sinne zusammen und sind an Intensität wechselnde, im ganzen aber doch ständige Phänomene. Man darf vielleicht an Thermolumineszenz denken, doch muß das erst durch photometrische, kolorimetrische und spektrale Messungen bei totalen und partiellen Mondfinsternissen weiter geklärt werden, auch durch Laboratoriums- und theoretische Untersuchungen. Erwünscht sind auch Messungen aller Art während einer Finsternis von Raumsonden aus.

Die 4 Arten der „transient events“ dürften alle auf dem gleichen physikalischen Vorgang beruhen und sich nur durch ihre Intensität unterscheiden.

Im einzelnen hat die vorliegende Arbeit ergeben:

1. Die seit 1964 organisierte Mondüberwachung zeigt, daß mit monatlich drei Meldungen von „events" zu rechnen ist.

2. Allmonatlich gibt es für die einzelne Stelle der Mondoberfläche zwei Maxima der Gezeitenwirkung der Erde, und zwar um die Tage des Perigäums wie des Apogäums. Nicht immer genau an diesen, wegen des Einflusses der optischen Libration. Es sei hier und weiterhin den Gedankengängen von B. Middlehurst gefolgt [5]. Während der Zunahme der Gezeitenkraft (§ 3) kommt es — vornehmlich an selenologischen Bruchstellen, in der Nähe der Mare usw. — zu mehr oder weniger starken Gasausbrüchen aus Spalten, Verwerfungen, Poren der Oberfläche. Sie mögen — dem Autor sei als Nichtgeologen das nächste verziehen — entfernt verwandt sein den irdischen Geysiren, Fumarolen, Solfataren usw. Diese Gase haben, wie die Zusammenstellung in [5] zeigt, verschiedene chemische Zusammensetzung (H, Ca, Na, Fe). Andere, die rote und grüne Emission haben [16], sind noch unbekannt. Je nach ihrer ursprünglichen Masse und Dichte werden sie mehr oder weniger rasch diffundieren und dabei von irgendwelchen Strahlungen, sei es aus der Sonne oder aus dem Raume, zum Leuchten gebracht. Es ist Sache der Spezialisten für Leuchterscheinungen im Hochvakuum, diesen Fragen weiter nachzugehen. Es erscheint aber leicht verständlich, daß diese „transient events" nur kurze Zeit beobachtbar sein können, danach ist die Diffusion zu stark geworden. Es sei als mögliche Analogie hingewiesen auf die Polarlichter und die starken, von der Sonnenaktivität abhängigen Gasausbrüche und Leuchterscheinungen bei den Kometenköpfen und ihren Schweifen.

3. Es ist zu erwarten, daß schwache Eruptionen viel häufiger sein werden als mittlere oder starke. So dürften die in § 5 behandelten Helligkeitsschwankungen des Vollmondes von $\pm 0\overset{m}{.}1$ Amplitude auf zahlreiche kleine, gleichzeitige Ausbrüche — nicht nur bei den 25 gemessenen Stellen — zurückzuführen sein.

Daß die Umgebung von Aristarch die vulkanisch aktivste des Mondes ist, kann als erwiesen gelten. Oft handelt es sich dabei um nur kleine, teilweise schwierig zu beobachtende „events".

4. Den Übergang zu den größeren bilden die Berichte über An-

sammlungen grauer Gasmassen (Posidonius A, Boussingault, Alpetragius, Thales, Alphonsus). Sie scheinen sich 1 bis 2 Tage halten zu können. Ist es Zufall — durch die Lebensweise der Beobachter bedingt —, daß diese Massen nur kurz nach dem örtlichen Sonnenaufgang gesehen wurden? Oder sammeln sie sich im Inneren dieser meist besonders tiefen Krater, kondensieren in der kalten Mondnacht und diffundieren nach Sonnenaufgang infolge der Wärmeeinstrahlung?

Schließlich haben wir als Extremfälle das Aufleuchten sehr großer Flächen, was sich zuweilen in kurzen Abständen wiederholen kann.

5. Es sei noch auf eine Besonderheit bei der Leuchterscheinung nahe dem Isidorus (S. 15) hingewiesen. Damals waren die Schatten des unruhigen Geländes mit Rotfilter und Blaufilter in allen Einzelheiten erkennbar, während mit dem Grünfilter über der Fläche ein Schleier lag, der die Details verwischte. D. h., die Gasmassen waren als Ganzes durchsichtig, nur leuchteten sie in grüner Emission, nicht aber die Oberfläche selbst! Es ist das in Übereinstimmung mit vielen anderen Wahrnehmungen, insbesondere denen eines kritischen Beobachters wie J. Schmidt (S. 435). (Bei einem sehr starken Polarlicht über dem nördlichen Skandinavien würde man von einem bemannten Satelliten aus die Details dieses Gebiets grün überstrahlt, vielleicht auch nicht erkennen können.) Die in den letzten Jahren intensivierte Mondüberwachung wird sicher viele weitere Erkenntnisse bringen, auch Überraschungen und Komplikationen. Sicher wird es auch Gasausbrüche an Tagen geben, wo der Gezeiteneinfluß im Minimum ist. Man wird auch noch mehr Gebiete finden, die wiederholt aufleuchten, aber auch andere, die seit Jahrzehnten oder länger nur einmal ein „event" zeigen, etwa Posidonius A, Taquet usw. Analog haben wir ja auf der Erde auch Vulkane wie den Ätna und Stromboli, die ständig schwach aktiv sind, in jahrzehntelangen Abständen aber große Ausbrüche haben. Zum anderen aber Vulkane (Krakatau, Katmai usw.), die seit „Menschengedenken" erloschen waren und dann plötzlich explodierten.

All das erschwert die messende Verfolgung der „transient events". Man kann nicht gut mit einem großen Spektrographen monatelang auf eine intensive Leuchterscheinung lauern. Und für einen solchen Zufallstreffer Hunderte photographischer Platten (verschiedener Farbenempfindlichkeit!) aufnehmen und jede einzeln kritisch durchmustern!

Eher könnte es gelingen mit lichtelektrischer Mehrfarbenphotometrie in der Art von Wildey und Pohn oder auch durch visuelle mikrophotometrische Beobachtungen, wie sie zur Zeit vom Verfasser für andere Aufgaben durchgeführt werden. Es ist fast eine Glückssache (wie ein großer Lotteriegewinn), ein oft weniger als 20^m dauerndes „event" nicht nur zu erfassen, sondern auch gleich messend zu verfolgen. Jedenfalls ist dazu in Jahren erworbene Kenntnis der Details des Mondes und ihrer Helligkeitsänderungen mit Phase und Libration nötig. Unser großer Klassiker Schmidt hat in 30 Jahren und über 1000 Beobachtungsnächten noch keine 40 „events" erfassen können!

So seien folgende Beobachtungsvorschläge für die nächste Zeit gemacht:

1. Fortsetzung der Mondüberwachung, zeitlich möglichst lückenlos, um eine von Auswahleffekten freie Statistik zu ermöglichen. Dabei sind die Beobachter anzuweisen, zu achten auf a) „events" im unbeleuchteten Teil des Mondes (großes Gesichtsfeld, schwache Vergrößerung), b) graue Trübung in Kratern nahe der Lichtgrenze (starke Vergrößerung!), c) die Tatsache, daß „events" ganz verschiedene Farben haben können (!), nicht nur Rot, sondern auch Weiß, Grün, Blau-Violett.

2. An Tagen mit starken Perigäum ($\pi > 60'$) oder Apogäum ($\pi < 55'$) genaues Studium eines stärkeren „event" mit starker Optik (Spektrographen, Farbenphotometrie verschiedener Art) bezüglich des ganzen Ablaufs der Erscheinung.

3. Bei Mondfinsternissen photometrische, kolorimetrische und spektrographische Messungen aller Art sowohl im Kernschatten wie auch im Halbschatten, beginnend vor dem Eintritt in den Halbschatten bis nach seinem Austritt (S. 18).

Anhang 1

Auszug aus A. N. **130** (1892) 7. E. E. Barnard: Die Mondkrater Alpetragius und Thales.

1889 Sept. 3, 18^h30^m Sternzeit Lick Obs.

I was struck by the general haziness of the interior of Alpetragius. The shadow of the central peak is diffused and pale. The entire inside of the crater to be filled with haze or smoke. The shadow of the westwall is however black and well defined. But the central pic, its shadow and all the floor seems to be seen through haze. None of the other craters show the apparence, they are all clear and there shadow are black and well defined.

1889 Okt. 2, $19^h15^m - 19^h25^m$. The shadow in Alpetragius is black and its outlines are clear. No haziness whatever.

1889 Okt. 3, $19^h30^m - 19^h45^m$. Alpetragius appears a little hazy inside, but the shadow of the central cone is perfectly black except at its south following edge, where is appears to have a slight penumbra. It is certainly blacker than observed Sept. 3. The shadow of the preceding wall is black and sharp in outline. There appears to be a very slight haze in the bottom of the crater. Other craters near are clear and sharp inside.

1889 Okt. 4, 20^h. The shadow of cone in Alpetragius is only a very slight penumbra, and the entire interior is hazy and foggy. It has the same apparence as on Sept. 3. The shadow of the preceding wall is not black. There is a suspicion of a faint warmth of color to the interior of the crater.

Also: Sept. 3. Eine Eruption in vollem Gange. Okt. 3. Beginn einer neuen Eruption, die Okt. 4 voll ist, Okt. 2 noch nichts.

1892 March 31, $8^h - 8^h30^m$. I was struck with the apparence of Thales. He appeared to be filled with pale luminos haze, while the neighbor, Strabo, further from the terminator, was filled with perfectly black shadow. Thales, which was just free of the terminator was a striking object from the haziness of its interior. The walls also seemed to by hazy. In this case there was no possible source of illumination of the interior from reflection by neighboring Mountains.

Vergrößerung meist 700. Schärfe der Bilder stets „gut bis sehr gut".

Anhang 2

Nachstehend ein Auszug aus dem Hauptwerk von J. Schmidt [20], des hervorragendsten Mondbeobachters des ganzen 19. Jahrhunderts.

Auf Seite 116 bis 118 beschreibt er ausführlich seine Beobachtungen des großen randnahen Kraters Boussingault, Durchmesser 80 km ($\xi = +0{,}273$, $\eta = -0{,}942$, $\lambda = +54{,}^\circ7$, $\beta = -70{,}^\circ5$). Es sei noch bemerkt, daß **1856 April 8** die Beobachtungen 4 Tage nach einem starken Perigäum stattfanden. „Die Beobachtung jedoch, welche mir am Boussingault gelang, erfordert eine genaue Darstellung, weil sie, richtig gedeutet, dazu dienen wird, voreilige Schlüsse hinsichtlich atmosphärischer Phänomene auf dem Mond zu beschränken. Boussingault ist ein sehr großer südlicher Krater, dessen merkwürdige Gestaltung nur bei günstiger Libration erkannt wird. Die Phase (Lichtgrenze) zog über seinen Ostwall, er war also in seinen hohen Teilen bereits erleuchtet. Der innere sehr tiefe Krater ist von einem großen excentrisch gestellten Ringwalle umschlossen. Die aufgehende Sonne beschien die für den Beobachter abgewendeten Seiten der West- und Ostwälle beide an deren Westseiten, so daß von der Erde aus nur so viel von den erleuchteten Wällen gesehen wird, als was gerade, sehr beschränkt durch die Verkürzungen, die von der Lage am Rande abhängen, gesehen werden konnte. (In der beigegebenen Figur ist A′A der äußere Wall, B′B entspricht der optischen Längenaxe des inneren tieferen Kraters.) Wegen der Lage beider Wälle an der Zone des Sonnenaufgangs waren die Krater ganz beschattet und selbst der Westwall des inneren vom Schatten des äußeren Walles überdeckt.

Der erste Anblick zeigte nun, daß in B′B kein wahrer tiefschwarzer Schatten vorhanden sei, sondern nur ein schwarzgraues nebelartiges Colorit, wie solches sich darstellen müßte, wenn z. B. der innere Krater B′B bis zum Rande mit Nebel erfüllt, und die Oberfläche dieses Nebels von der aufgehenden Sonne seitwärts beleuchtet wäre. In diesem Falle müßte ein Halblicht entstehen, welches die Dunkelheit der beschatteten Kratertiefe vermindert.“ . . . Später heißt es:

„Was den bequemen Einwurf anlangt, daß es ‚eine Täuschung‘ gewesen sein könne, so bemerke ich, daß ich keine Täuschung bei irgend einer Beobachtung kennen gelernt habe, und daß sich über solchen Einfluß nur mit denjenigen verhandeln läßt, mit denen man sich auf demselben Boden der praktischen Erfahrung befindet. Ist aber die gegebene Erklärung (nämlich sekundäre Erhellung durch die beleuchteten Kraterwälle) nicht die richtige, so halte ich dann für ausgemacht, daß die Tiefe des inneren Kraters durch irgend eine Gas- oder Dampf-Materie erfüllt war, deren die Ränder übersteigende Oberfläche von der aufgehenden Sonne erleuchtet ward.“

1860 April 24. Bei sehr günstiger Luft wiederholte ich die seltene Olmützer Beobachtung (1856 April 8) am Boussingault, der, an der Phase liegend, schon etwas mehr als damals erleuchtet war. Jetzt zeigte sich im inneren Krater das sehr deutliche Grau (an Stelle des tiefschwarzen Schattens), in der ganzen Fläche gleichmäßig ausgebreitet. Weiter gegen die südliche Hornspitze hin zeigte einer der großen Polar-Krater eine ähnliche Erscheinung. Ich vermute, daß es das Ringgebirge Demonax war.

1860 April 25. Bei vorzüglich guter Luft. Da in Boussingault die Schatten nur sehr verringert waren, zeigte sich die gestrige Erscheinung nicht mehr, wohl aber im Demonax, der südlich von dem Boussingault gegen den Pol hin gelegen ist, und wegen extremer Libration eine günstige Lage hatte.

Anhang 3

Beobachtungen von J. Schmidt
vor, während und nach der Mondfinsternis 1851 Januar 17

Nr.	Seite	Datum	Beschreibung
1	295	11.	Blaues Licht zeigte sich an Tycho's NO-Wall außerhalb, der schon weit von der Phase lag, es dauerte 5 Stunden lang.
2	177	13.	Bei hoher Beleuchtung zeigt die innere Fläche des Copernicus blauen Schimmer, nicht aber der Ringwall selbst.

Nr.	Seite	Datum	Beschreibung
3	128	14.	Das blaue Licht, welches ich mehrfach einzelne sehr glänzende Punkte umgeben sah, bemerkte ich um Mösting und Lalande.
4	258	14.	Aristarch zum Teil noch beschattet, hat blaues Licht in den grauen Bergen gegen SO, nicht an den hellen Teilen, auch im Inneren nicht, bläulich erscheint auch das Plateau zwischen ihm und Herodot, sehr auffallend verschieden von dem braungrauen Hügellande der großen Rille im Norden.
5	154	17.	Im Vollmonde, bald nach einer Finsternis, wurden die Stellen näher untersucht, welche blauen Schimmer zeigen. Dazu gehört Timocharis, Manilius, an sich schon hell, ist von hellem Nimbus umgeben, und dieser schimmerte bläulich.
6	177	17.	Noch sieht man in den inneren Flächen des Copernicus ein schwaches blaues Licht, und besonders deutlich sah ich solches auf dem dunklen Nimbus des Aristarchus. Wo es sich sonst noch erkennen ließ, sah ich es nur in Kraterflächen.
7	212	17.	Vollmond. Langrenus' innere Fläche hat blaues Licht, jedenfalls eine von der der Umgebung sehr verschiedene Färbung.
8	231	17.	Einige Stunden nach der Mondfinsternis fand ich in der grauen Fläche des Endymion einen blauen Schimmer, der dem Plato fehlte.
9	245	17.	Nach einer Mondfinsternis zeigten 4 der dunkelgrauen Ringflächen ein bläuliches Licht, welches dem Plato fehlte. In der Mitte des Plato liegt ein feiner Punkt, und nördlich davon ein sehr mattes nebliges Gebilde.
10	258	16.	Im Marius der Krater sehr deutlich. Am Meridiankreis sah ich blaues Licht am Aristarchus, aber nur auf dem grauen Nimbus.
11	258	17.	Nach einer Finsternis dieselbe Erscheinung.
12	258	20.	Die Gegend nördlich von Descartes ist ungewöhnlich hellglänzend, und hat auf weißem Grunde vielleicht bläulichen Schimmer.

Das starke Perigäum (61′/2) fand statt 1851 Januar 18. Wir haben also im allgemeinen eine starke Aktivität, die sich bei der Finsternis auf der ganzen Scheibe bemerkbar machte.

Anhang 4

Weitere Leuchterscheinungen im Werke von J. Schmidt

Nr.	Seite	Datum	Diff.	Beschreibung
1	136	1843 März 6	+ 3^d	Im Theophilus war ein Teil des Schattens bräunlich gefärbt, wie früher Ähnliches im Copernicus gesehen ward.
2	143	1849 Feb. 11	− 4	Posidonius A stellte sich anfänglich nur undeutlich als ein heller Fleck dar, während die nördlichen Wallkrater bei B, halb beschattet, sehr deutlich als Krater erschienen. Etwas später glich A einer ganz flachen Einsenkung, die nur matten grauen Halbschatten hatte. So fand es einst auch Schröter (Griuthuisen) 1821 April 7. In den folgenden 27 Jahren bemerkte ich Ähnliches nicht wieder.
3	170	1867 Jan. 25	− 5^d	Der Berg Γ, westlich bei Gambert, merkwürdig intensiv leuchtend, heller als Lahire, und mehr gelb-rötlich, die abnehmende Phase lag im westlichen Teile des Mare Serenitatis.
4	171	1868 Mai 30	+ 5	Der in der Phase liegende Berg Γ Lambert strahlt ähnlich einem Sterne der ersten Größe.
5	176	1842 Oct. 13	− 2	7^h lag der Schatten des hohen Westgipfels von Copernicus auf den inneren östlichen Terrassen. Er war auffallend verwaschen und von rötlich-brauner Farbe.
6	177	1851 Feb. 10	− 5	Das bläuliche Licht erscheint nur auf den äußeren grauen östlichen Terrassen des Copernicus.

Nr.	Seite	Datum	Diff.	Beschreibung
7	199	1854 Dec. 26	+ 5	In der Ebene des Abulfeda sah ich 5 Stunden lang 2 sehr deutliche weiße nebelartige Flecken, die nicht Erhebungen waren.
8	212	1848 Sept. 14	− 1	Langrenus war mit bläulichem Lichte überzogen, welches an anderen Punkten der Phase fehlte.
9	232	1865 Juli 9	− 4	Endymion, der abnehmenden Phase nahe, erscheint mit violettem Schimmer in der grauen Ebene. Andere graue Flecken erscheinen bläulich.
10	232	1868 Juli 1 u. 2	− 5	Atlas innen, zumal in NW sehr tief dunkel blaugrau.
11	244	1844 April 25	+ 6	Pico lag in der zunehmenden Phase, östlich und südöstlich an ihm, also in völliger Nacht, zeigte sich ein blaues Licht als nebelartiger Schimmer. Hier konnte es kein erhöhter Teil des Mare Imbrium sein.
12	244	1844 Oct. 20	+ 7^d	Pico in der Phase, fast noch in der Nachtseite, strahlt mit blauem Licht, oder genauer, war von graublauem Lichtschimmer umflossen.
13	245	1849 Feb. 2	− 1	Mädler's Karte gibt östlich vom Pico und südlich neben dem Krater Pico B (14° Lg. + 45°,5 Br.) einen länglichen weißen Flecken an, der jetzt nicht vorhanden ist. Diese Bemerkung ward später noch oft wiederholt. Mädler spricht von „einem starken Lichtflecken".
14	246	1865 Juli 29	+ 1	Die graue Ebene des Plato erschien am Rande bläulich gefärbt.
15	246	1873 April 10	+ 3	Östlich im Plato 2 matte Lichtwolken.

Nr.	Seite	Datum	Diff.	Beschreibung
16	264	1865 Jan. 10	— 6	Grimaldi O-Wall in der wachsenden Phase, die innere graue Ebene erschien „expandiert“, schön violett, wie keine andere Stelle des Mondes, und wie ich es derart auch vormals nie gesehen habe.
17	264	1865 Juli 6	— 7	Bei Aufgang der Sonne war Grimaldi's Ebene mit grünlichem Schimmer überzogen (siehe Jan. 10) mehr als jeder andere graue Fleck des Mondes.
18	264	1865 Juli 9	— 4	Grimaldi graugrün, an den Rändern dunkler, und dort bläulich. Der gleichzeitig der Phase nahe Endymion war violett-grau.
19	271	1860 Aug. 13	— 4	Abnehmende Phase, im Byrgius bereits Schatten, auch in dessen Wallkratern. Aber der westliche Krater A hatte nur grauen florartigen Schatten, eine seltene merkwürdige Erscheinung.
20	295	1843 Sept. 16	+ 5^{d}	Mit Bestimmtheit sah ich in mehrstündiger Beobachtung, daß die in der Nachtseite westlich von Maginus leuchtenden Hochgipfel ein schönes blaues Licht hatten. Solches Licht fehlte den Höhen des Clavius durchaus. Es ward auch an 4 Gipfeln gesehen, die westlich von Tycho aus der Mondnacht aufragten. Sonst zeigte kein anderer Punkt der Phase dieselbe Erscheinung.
21	295	1846 Aug. 12	+ 5	Erkannt ich blaues Licht am Westwalle des Maurolycus.
22	296	1855 Oct. 19	+ 3	Tycho der Phase sehr nahe, zeigt blaues Licht auf kleinem Raume außerhalb am N-Walle, wo sich 3 oder 4 kleine Kuppen erheben, ebenso Dec. 17 unter denselben Umständen.

Anhang 5

„Transient Events" aus dem „Sirius"

Nr.	Datum	Objekt	Beschreibung	Beobachter	Sirius Band	Seite
1	1791 Nov. 1	Posidonius A	Graue Füllung, auch (4, Nr. 94)	Schröter	1906	122
2	1905 Mai 9	Posidonius C	Weißer Fleck statt Krater	Archenhold	1908	251
3	1821 April 7	Posidonius A	Wie bei Nr. 1	Gruithuisen	1908	251
4	1910 Feb. 15	Taquet	Feb. 15, 16, 17, 19 „unsichtbar"	Korn	1911	97–105
5	1910 Juni 13	Taquet	„unsichtbar"	Korn	1911	97–105
6	1910 Aug. 11	Taquet	ausgefüllt	Korn	1911	97–105
7	1911 Jan. 6	Taquet	ausgefüllt	Wunschmann	1911	97–105
8	1911 Feb. 5	Taquet	ausgefüllt	Wunschmann	1911	97–105
9	1911 März 6	Taquet	ausgefüllt	Korn	1911	97–105
10	1911 Mai 4	Taquet	zum Teil ausgefüllt	Korn	1911	162
11	1911 Juni 2	Taquet	zum Teil ausgefüllt (unsicher)	Klumak	1911	197
12	1911 April 4	Taquet	zum Teil ausgefüllt (unsicher)	Korn	1911	247
13	1911 April 5	Taquet	etwas grau	Korn	1911	247
14	1911 Mai 5	Taquet	etwas grau	Korn	1911	247
15	1911 Juni 2	Taquet	innerhalb von 90^m ausgefüllt	Korn	1911	247
16	1911 Juli 31	Taquet	ausgefüllt	Korn	1911	247
17	1912 Jan. 25	Taquet	weiße Wolke, die bald verschwindet	Stämler	1912	83

Die Beobachtungen Nr. 4 bis 9 sind in einer 8 Seiten langen ausgezeichneten Darstellung mit ganz „modernen" Anschauungen zusammengefaßt. Sie fanden immer nur wenige Stunden nach dem örtlichen Sonnenaufgang statt.

Zugefügt sei hier eine weitere Beobachtung des Verfassers: 1967 Jan. 20: Cap Laplace hat $17^h\,20^m$ Weltzeit rötlichen Schimmer, der $18^h\,0^m$ verblaßt. Sonnenhöhe 0°. Apogäum Jan. 16.

Literatur

[1] Kozyrev, N. A.: In I. A. U. Symposium Nr. **14**, London (1962).
[2] Kopal, Z., und T. W. Rackham: Icarus, Bd. **2** (1963) 481.
[3] Greenacre et al.: Lunar Color Phenomena, ACIC Technical Paper **14**, St. Louis, May 1964.
[4] Middlehurst, B. M., et al.: Chronological Catalog of reported Lunar Events, NASA TR-**277**, Washington July 1968.
[5] — An Analysis of Lunar Events. Reviews of Geophysics, Vol. **5**, Nr. 2, May 1967.
[6] Hopmann, J.: Mitt. Univ.-Sternwarte Wien, Bd. **13** (1967) 118.
[7] Hopmann, J.: In: Thermoluminescence of Geological Materials. Academic Press, London and New York (1968).
[8] Bell, B., J. G. Wolbach: Icarus **4** 409 (1965).
[9] Link, F.: Die Mondfinsternisse. Leipzig (1956), dort viele weitere Literatur.
[10] Chapman, W. B.: Journal of Geophysical Research, Vol. **72**, Nr. 24 (1967).
[11] Wildey, R. L., et al.: Astr. Journ., Bd. **69** (1964) 619.
[12] Miethe, A., und B. Seegert: Astr. Nachr., Bd. **188** (1911) 371.
[13] Diggelen, J. van: Sonderdruck Utrecht, Nr. **374** (1964).
[14] Gehrels et al.: Astr. Journ., Bd. **69** (1964) 826.
[15] Hopmann, J.: Forstmathematik. Hann.-Münden (1951).
[16] Petrova, V. N.: Sovjet. Astr. Journ., Bd. **10** (1965) 133.
[17] Sky and Telescope (1964).
[18] Hopmann, J.: Mitt. Univ.-Sternwarte Wien, Bd. **6** (1954) 192.
[19] Rackham, T. W.: Icarus, Bd. **7** (1967) 297.
[20] Schmidt, J.: Charte der Gebirge des Mondes, Berlin (1878).

GPSR Compliance
The European Union's (EU) General Product Safety Regulation (GPSR) is a set of rules that requires consumer products to be safe and our obligations to ensure this.

If you have any concerns about our products, you can contact us on

ProductSafety@springernature.com

In case Publisher is established outside the EU, the EU authorized representative is:

Springer Nature Customer Service Center GmbH
Europaplatz 3
69115 Heidelberg, Germany

www.ingramcontent.com/pod-product-compliance
Ingram Content Group UK Ltd.
Pitfield, Milton Keynes, MK11 3LW, UK
UKHW021932190726
13853UKWH00002B/998
* 9 7 8 3 6 6 2 2 2 8 5 1 7 *